最高カワイイ!
甘えん坊3猫日記
THE CUTEST!
THE DIARY OF THREE PAMPERED CATS
Presented by
秀
HIDE
JN136958

KADOKAWA

CONTENTS

CHARACTER

3猫あつまりゃ 可愛い事件 たくさん起きる

1匹よじ登れば 1匹噛み 1匹は頭突きする
そして全員甘えん坊
それが最高カワイイ3猫ライフ!

みなさん こんにちは！ マンガ家の 秀(ひで)と申します
3匹の猫たちと ドタバタした毎日を 送っています
前作では レオくんと シロウくんを 紹介しました
これからずっと 1人と2匹で 暮らしていくものと 思っていましたが…
レオ(♂)
シロウ(♂)
やはり人生… 思わぬ出会いが 起こるものです

それは1年前のある昼下がり…
ミャー!!
ミャー!!
元気な子猫が外で鳴いてるなぁ
この地域野良猫が多いのよね
気になる…

まぁたぶん親猫と一緒だろうし…
中途半端に手出しするのは良くないもんね
ミャー!!
ミャー!!
ミャー!!
十数分後…
ZZ…
……あら?
子猫の鳴き声がしない…
親猫とお家に帰ったかな?

クァ〜〜〜ッ

クァ〜〜〜ッ
イヤなよかん

そのまま
着の身着のまま
家を飛び出し
保護したのが
新入り
スイちゃん
拾った当時の
出来事は
後ほど
詳しく!
わー!ッ
今ではすっかり
元気です!!

3匹になってさらにドタバタ！
家さがし
仕事
なんやかんや
この本にはこの1年で起こったことを詰め込みました
慌ただしくも充実した我が家の毎日！
皆さんに楽しんでいただけると嬉しいです！
それではどうぞ!!

\ 最高カワイイ! /

甘えん坊3猫日記

第1章

甘えん坊3猫の日常

末期

バァン!!
レオきゅんきゃわいいねぇ〜!
スヤ〜

スマホスマホ…
しまったロフトや!

Cute boy…

●Rec
場合によってはポストできる
ポストする
目に映ったものをそのまま録画できりゃいいのにな…

立てこもり事件

レオくんトイレ閉めるよ!
も〜

じゃっおかーちゃんあっち行こっと

ばいばい!
サッ

ワーーーミ!!

嬉しさ限界値バグ

※グローブタイプのクシ

設置型トラップ

危なっ

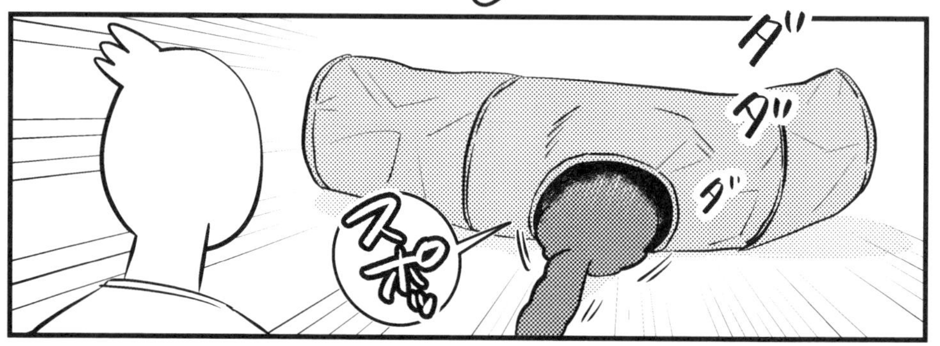
ダダダ
スポッ

!?

頭隠して尻隠さず
ツン
バババ

ハッ
フワアアアア〜ン
※ロフト

!!
シロウくん
どうしたの〜

ダ
ダ
ズダダダダ

なにー？
いや
あなたを
見てたのよ

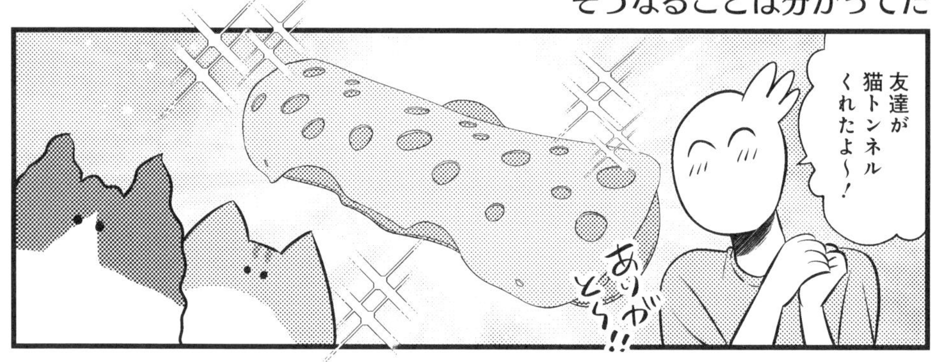
友達が
猫トンネル
くれたよ～！
ありがとう!!

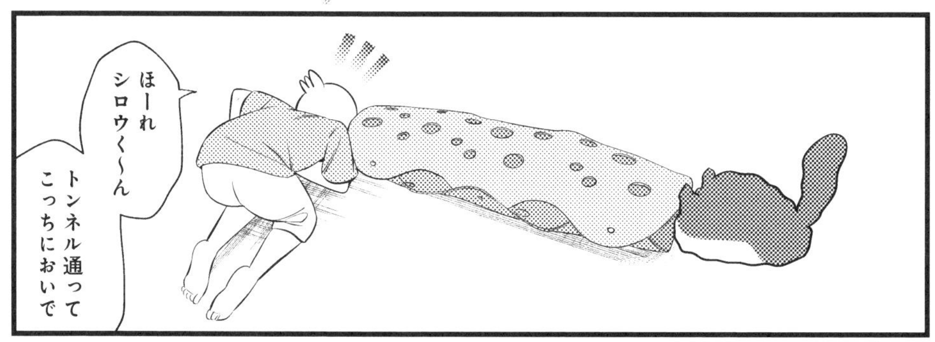
ほーれ
シロウく～ん
トンネル通って
こっちにおいで

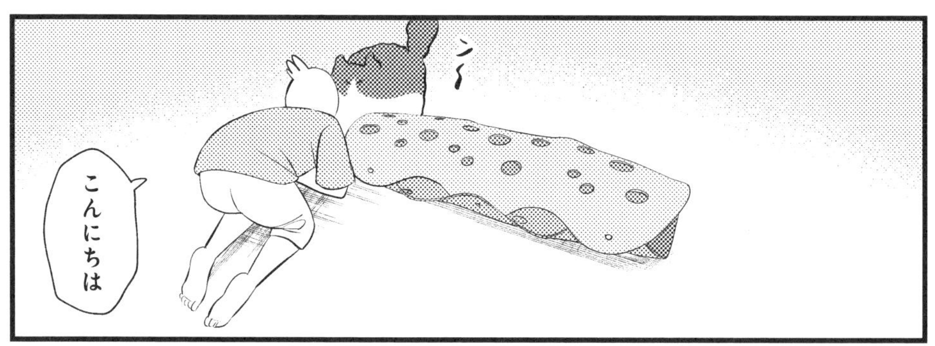
ン～
こんにちは

ZZZ‥
やっと寝たわね
シロウくんの具合はどうかな
体調不良で
通院中

新入りとか引っ越しとかでストレスになっちゃったかな
苦労をかけてごめんよ…
ぐて…

突然の
バァーン!!
登場
ビク

失礼しました
病院通って数日で治りました

いつでも元気いっぱい

マウンテン
クライマー
きっつ…！
ゼェッ
ゼェッ
これ以上
足が動かん
おかーちゃんは
大丈夫だから
はなれて!!
!!
どした？
どした？

おにぎり

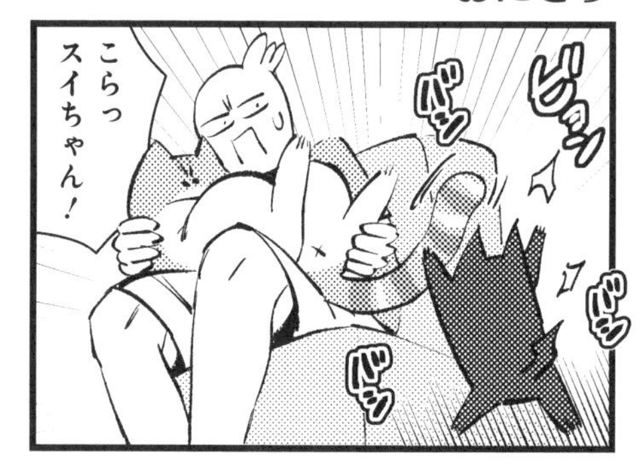
こらっ
スイちゃん!

お兄ちゃんの
尻尾で遊んじゃ
駄目でしょ
レオくん
尻尾ないない
しとこうね
サッ

やめな

ムス…

ボール捜索

スイちゃん
ボールどこに
やったの〜?

スッ…

お兄さん
あの…
見えないんスけど

スッ

猫専用異次元ホール

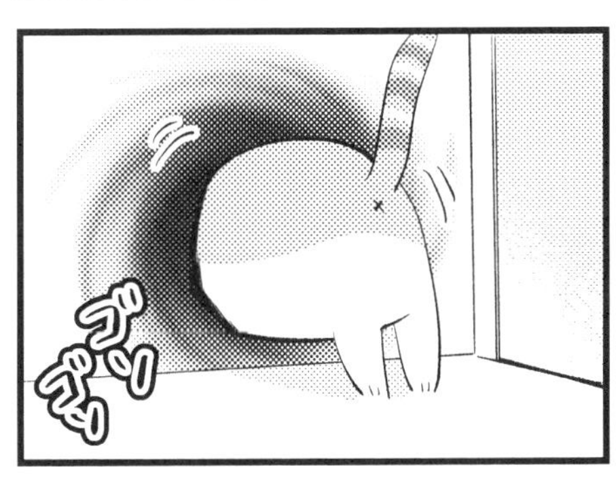

見通しが甘い

ハチャメチャスイチャン

飼い主に連動して動くタイプの何か

勝利

爪切り

そ〜〜…
ギラッ

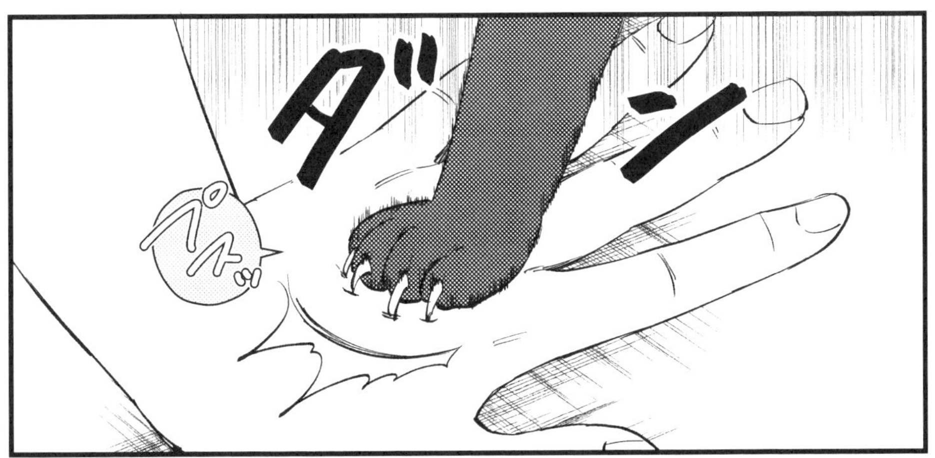
ダン
プスッ

ゴゴゴ…

スイちゃん抱っこしよか
予定

おっ
よじ

完成形

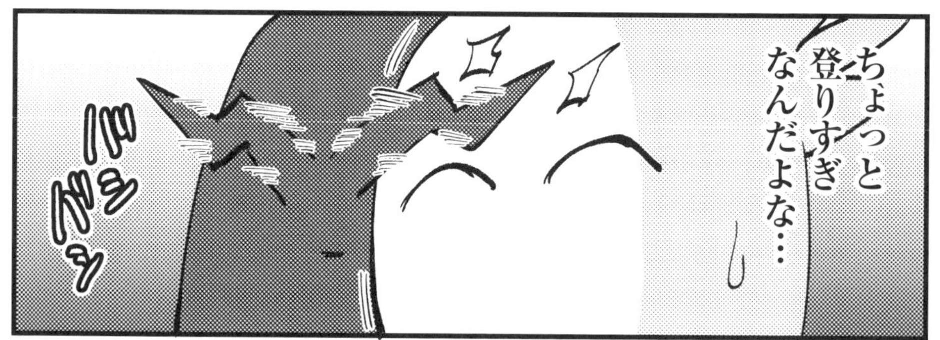
ちょっと登りすぎなんだよな…
バシバシ

飼い主への乗車方法

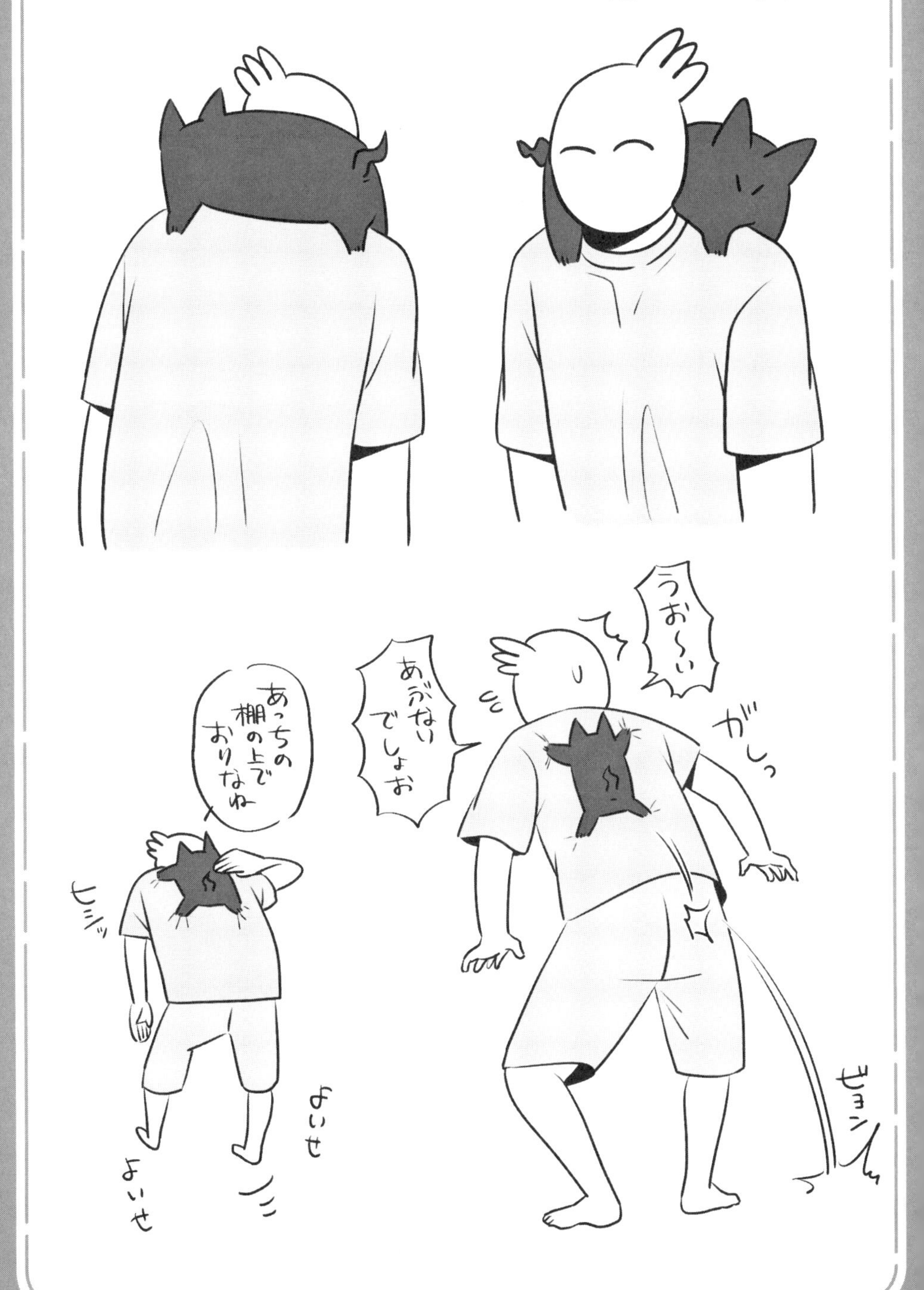

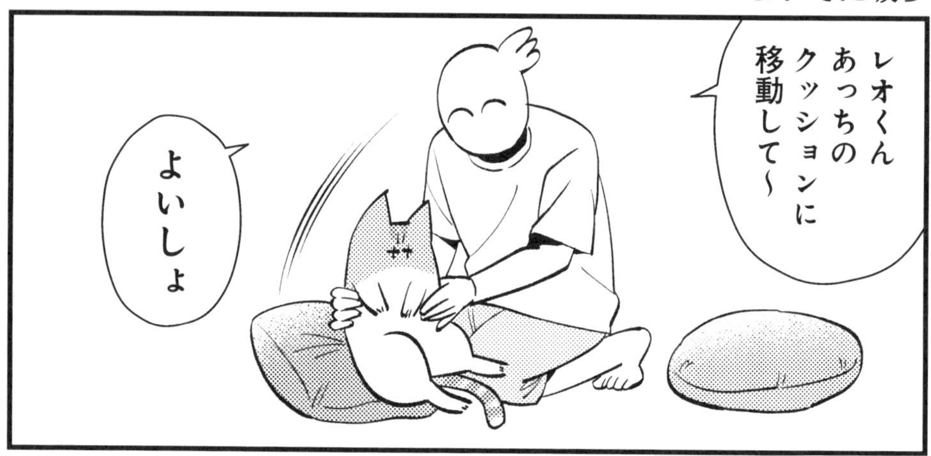
レオくん
あっちの
クッションに
移動して～
よいしょ

スゥー

ありがとう
ホク
ホク

そういう気分じゃない

包まれるのも嫌い

美味しいもの探し

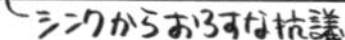

爪切りが
大嫌いな
スイちゃん
イギァァァァァァ
ジタ
バタ
ちょっとだけ
我慢してね～
ジタ
バタ

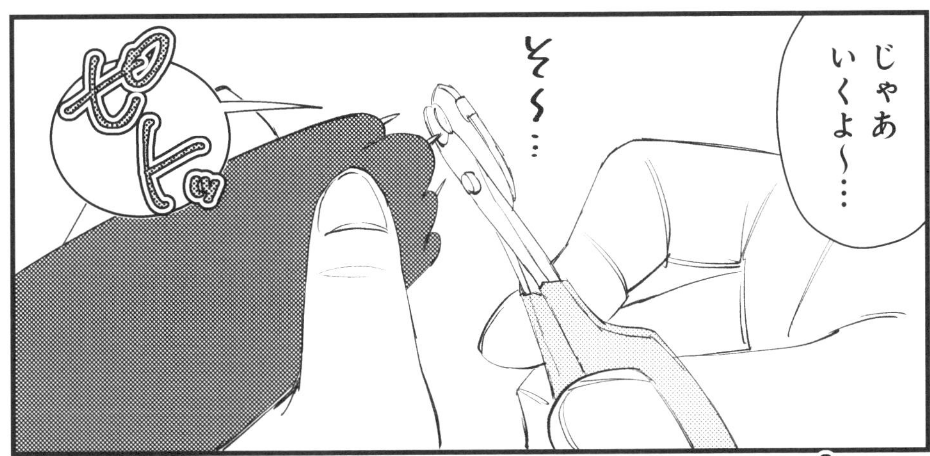
じゃあ
いくよ～……
そ～…
ぴとっ

ぴゃー－ン!!
いたいことされた!!
まだ切って
ないでしょ!

ホワァァァァン
ハッ
スイちゃんが飼い主を捜してる声！

ガチャ
おかーちゃんここだよ〜

おか〜ちゃんっ
トットットッ
はいはいどしたの〜

…この流れ既視感あるな…
ゴロゴロ

トンッ
トッ
ゴシゴシ

ズリィィィ
あっ
スイちゃん
何しt

ボトッ

ダダダダ…

ゴン…
ゴン…
あっ!!
おもちゃ箱開けようとしてる！
ズズ…
ついに自分で取り出せるように…!?
バタンッ
あっ
シャアアアッ
開かなくて箱にキレてる…

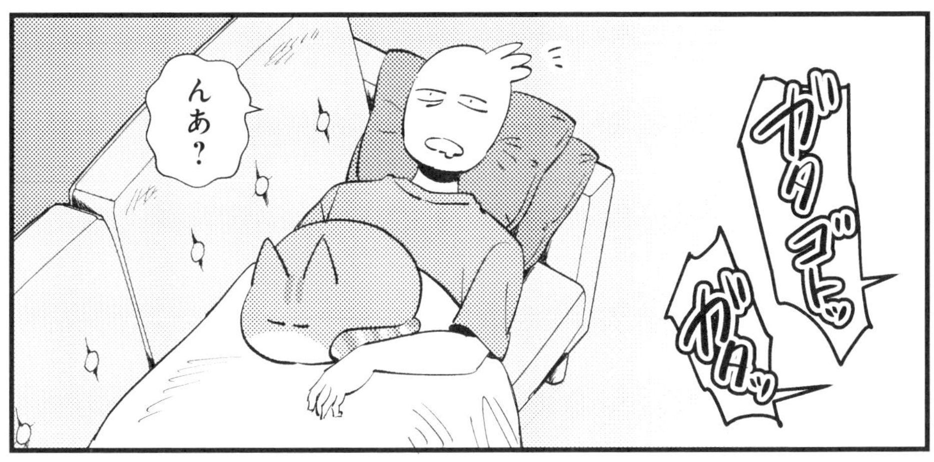
ガタゴトッ
ガタッ
んあ？

おもちゃ箱に
しまってたヒモ

ダッ
ドダダダ
あっ!?

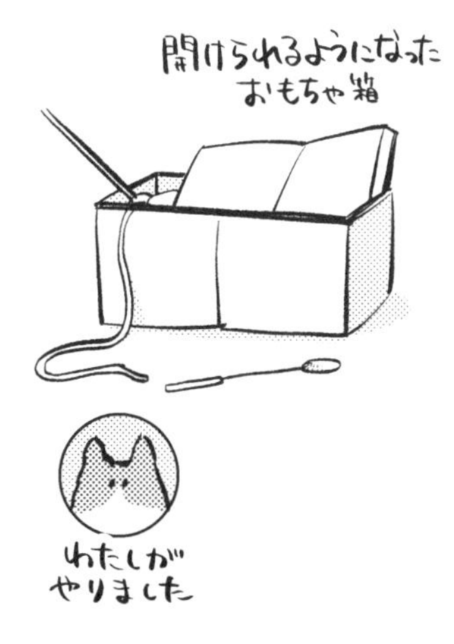
開けられるようになった
おもちゃ箱
わたしが
やりました

リモコンぐ〜るぐる

はい
もひもひ
おはよう
寝てました？
ぷ
スリ
スリ
はひ

今日カレー
作ったんですが
食べにk…
スリーーン

…あら？
?
のびり
~

トイレに行く時のために通路側に寝たいんだよな…
1

これなら壁側に寝るでしょ
予想
2

3

う〜ん…
5.5kg

さまざまな寝相

これは…
挟まりチャンス
人間
ひとり分の
すきま

電源

スイちゃん
掃除機の上に
乗っちゃだめよ
ゴンゴン
ゴンゴン

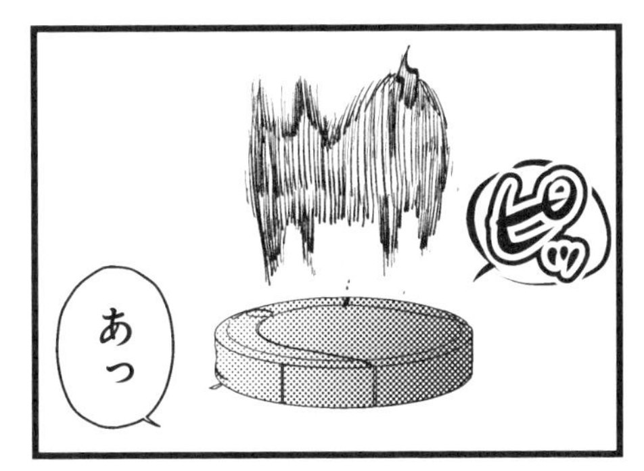
ピッ
あっ

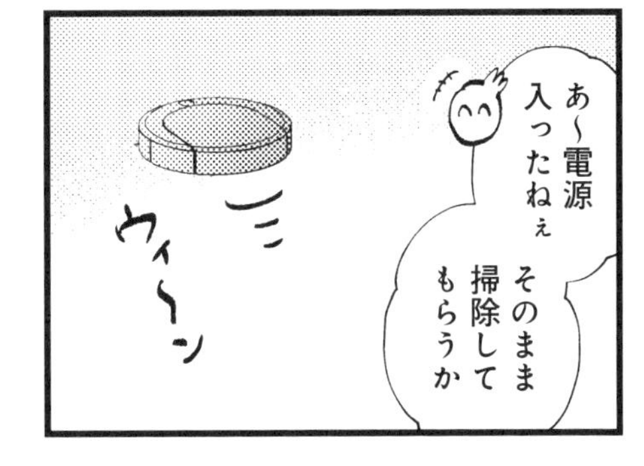
あ〜電源
入ったねぇ
そのまま
掃除して
もらうか
ウィ〜ン

ねぇ
スイちゃん…
あれ？
OFF

臭い

抱っこ
嬉しいねぇ
うっとり…

ん？
どうかした？

くんくん
くんくん
くんくん
え？
何…？

じっ…
な…何か
臭かった…？
ショック…

抱っこ絶対許さんマン1

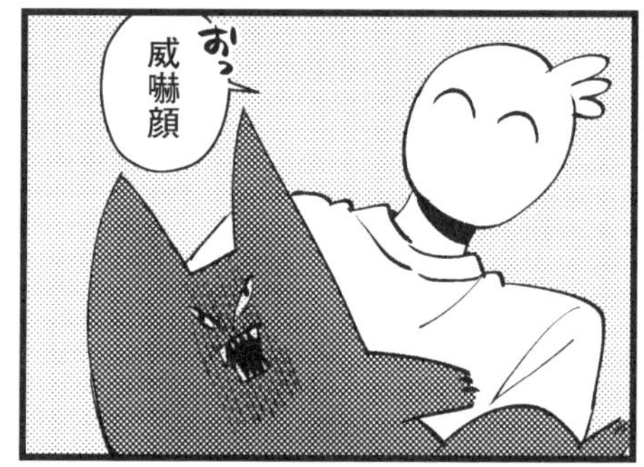

抱っこ絶対許さんマン2

あっちに行きたいんですけど
ふふん…
フェンスが邪魔で向こうに行けまい
あっち行ったらなかなか戻って来ないから行くの禁止です

1週間後
ガリッ!!

ダッ

おトイレキレイにしましょうね〜♪
おしっこが固まる砂のトイレ

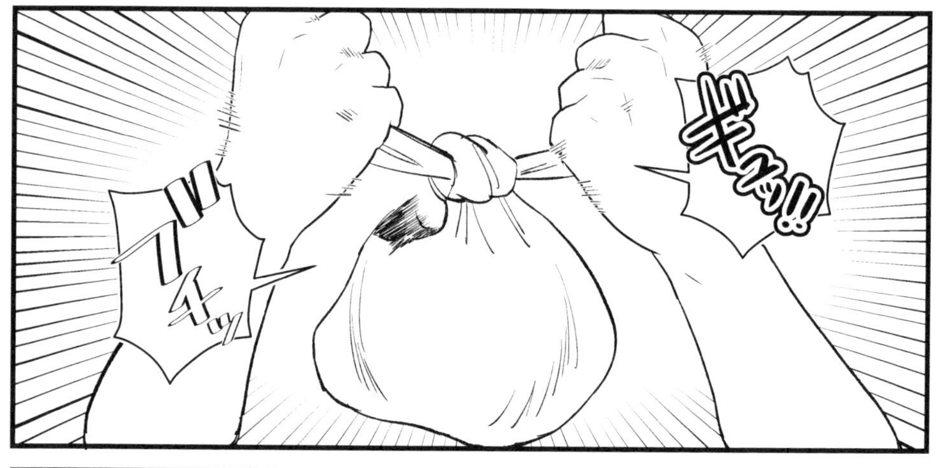
ギュッ!!
ブチィッ

ドオッ

スイちゃん
足だけ
洗おうか
シャー

シャワァァ…
はわ…
はわ…

シャワァァ…
はわ…
はわ…
※どちらにも
逃げられる

洪水にあったら
真っ先に
流されそう…
絶対に
守らなきゃ

濡れることなど覚悟の上

成敗

ナイトキャップ被ってる時の起こし方

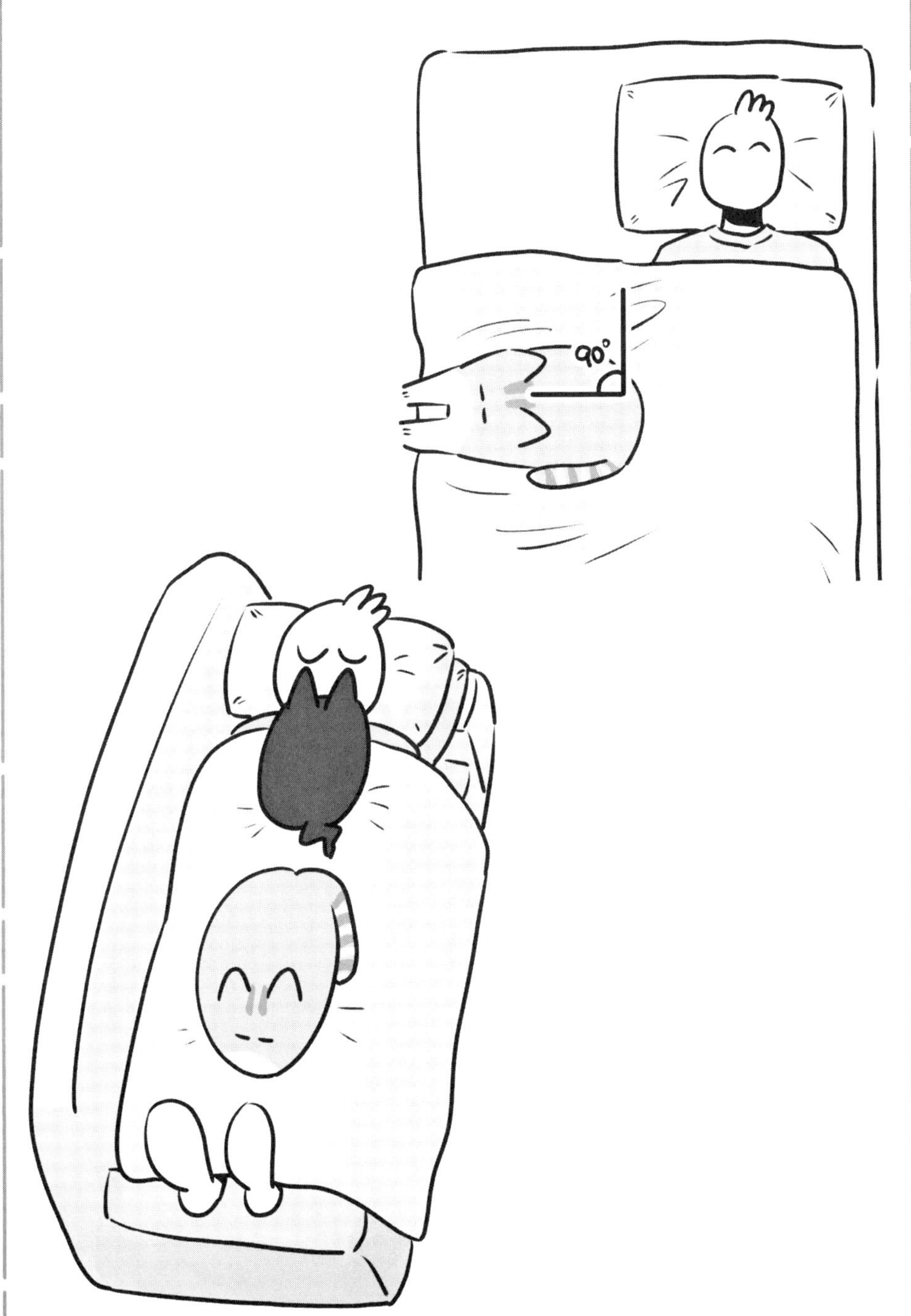
90°

寝る時のクセが強い

こぶしガード 効かず

食べられがち

こたつ
あったか～い
おや 先客が
いたようだ

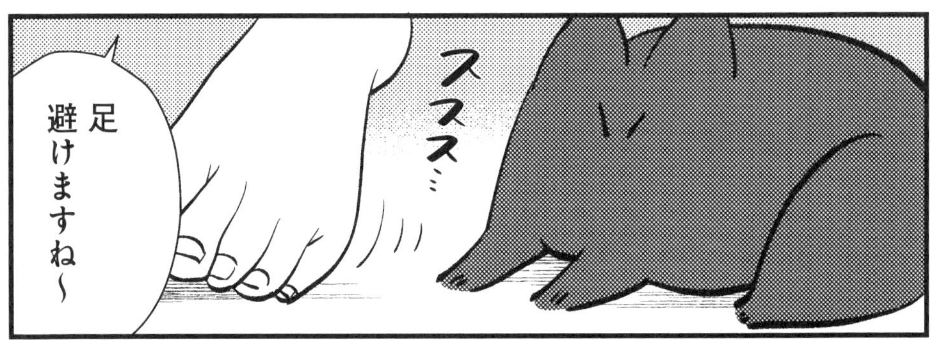
スススッ
足
避けますね～

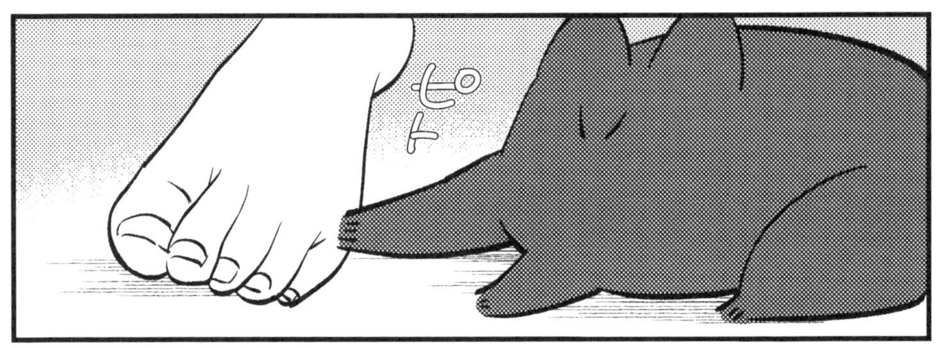
ピト

おやおや…
おかしちゃんに
触れていたい
ってかぁ…？
フフン
このあと
噛まれた

今日も元気いっぱいだなぁ
ドドドドド…
ドドドドド…

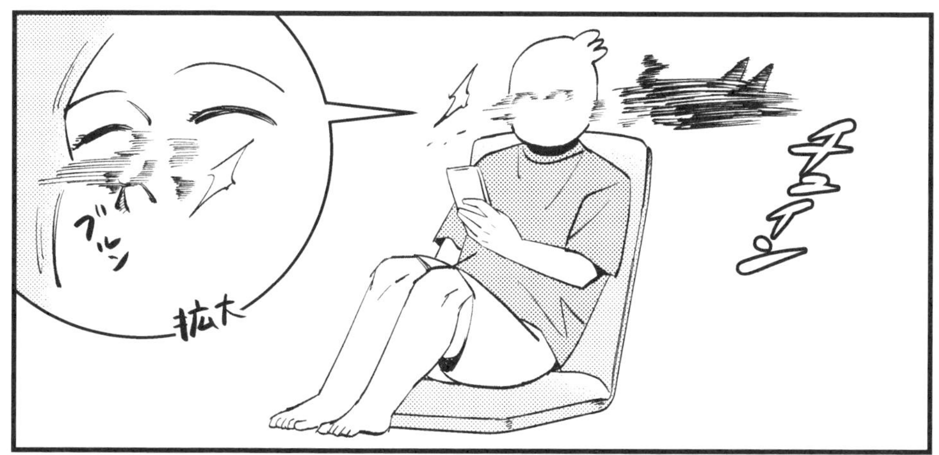
チュイン
ブルン
拡大

ウロ
ウロ
飼い主が泣いていると飛んでくるねこ

お気に入り睡眠スポット

物怖じしない娘っこ

雷の音にびっくりしてマンガみたいな逃げ方してた

食パン形エリザベスカラー　お気に召さず

寝場所・自由形の皆さん

見てない時だけ…
スン…
コラッ
喧嘩しちゃだめよ！
ヴッッ
まったくもう…
クルッ

スイチャンはどこからでも現れるのだ

暴走シャーク・スイチャン

日に日に遠くへ誘拐されるタオル

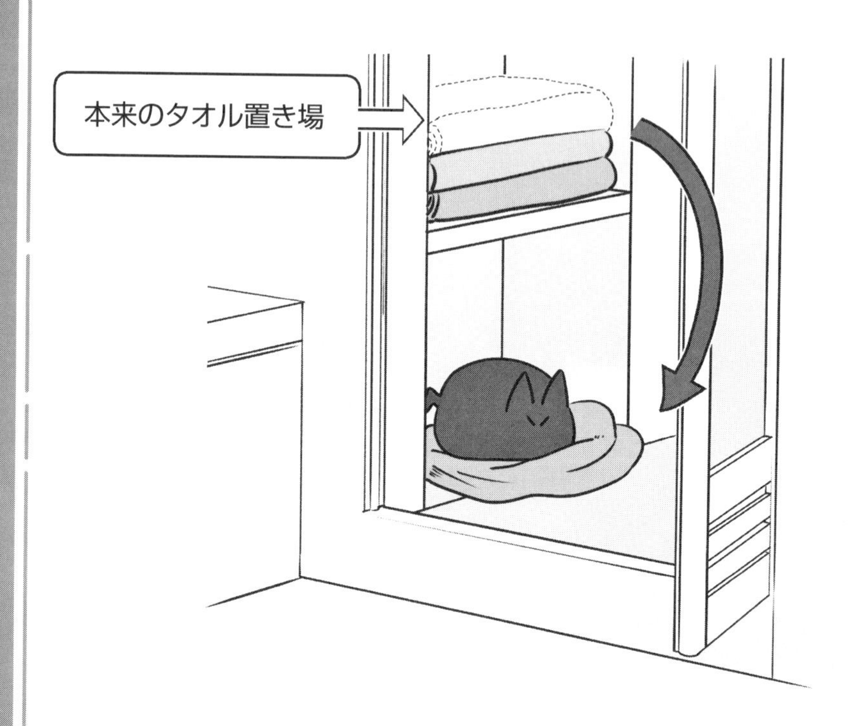

もふもふ猫じゃらしへの執着
シロウくんどうした!?
ヴヴヴヴヴヴヴ
ヴヴ
ヴヴ
野性化しちゃった
ヴヴ
ヴヴヴ
さすがのスイちゃんもドン引きしてる

予想外に好評だった擬人化

忍び寄る第二の刺客

カリカリ…
プリプリ…
1

あっ
何してるぅ!
おもちゃのタグ外すからちょっと待って
2

3
ぐぐぐ…
ちょ…スイちゃん!
いてててて爪が痛い!

4
ヌ…

オアー
オアォ
バリ
バーン
ドン
ドン
ぴゃ
ぴー

いろいろな運び方2

新発見の気持ちよさ

これも良い

おなかスー

さまざまなくつろぎ方

尻尾振り回しすぎて　そのうちちょっと浮くと思う

跳び箱の手前のやつ扱い
クローゼット閉めるから出てきて〜
ズドドドド…
ゔッ
ダンッ
ダッ

豪快お姫様・スイチャン

お嬢ちゃん
悪いが
このソファは
満席だぜ
ククク…

幸せはこういう形をしている

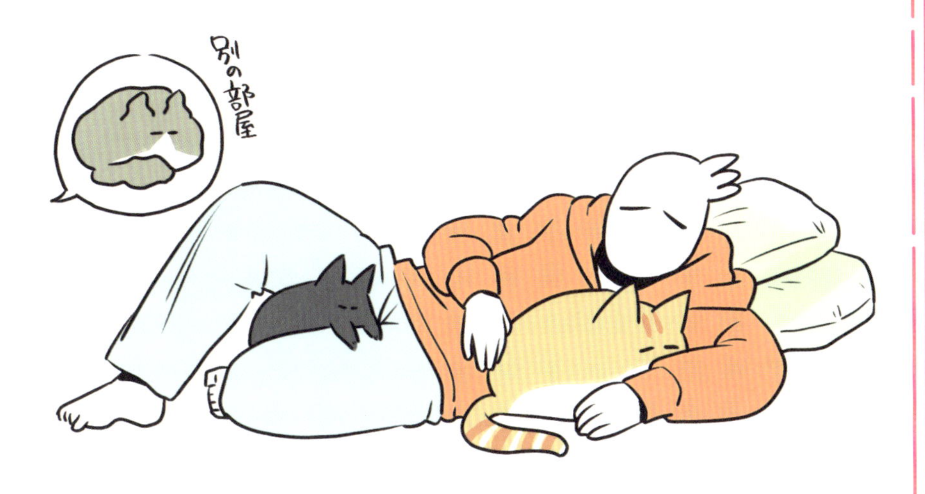

フルカラーだよ!
甘えん坊3猫
フォトギャラリー
レオ
シロウ
スイ

マンガのあれこれ写真だとこんな感じ

P98「贈り物届きました」で
描いたプレゼントの一部。
宅配便のお兄さんが
びっくりするのも納得の量

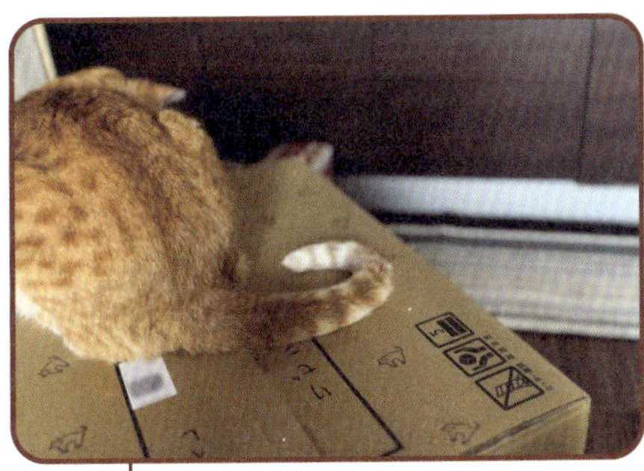

スイちゃん保護の際の
急なお引っ越し。
レオくんもお手伝いです

P28「美味しいもの探し」を
しているスイちゃん

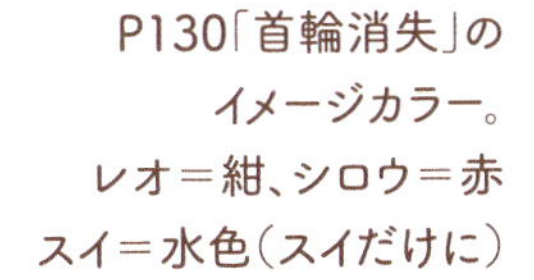

P130「首輪消失」の
イメージカラー。
レオ＝紺、シロウ＝赤
スイ＝水色（スイだけに）

スイちゃん保護ヒストリー

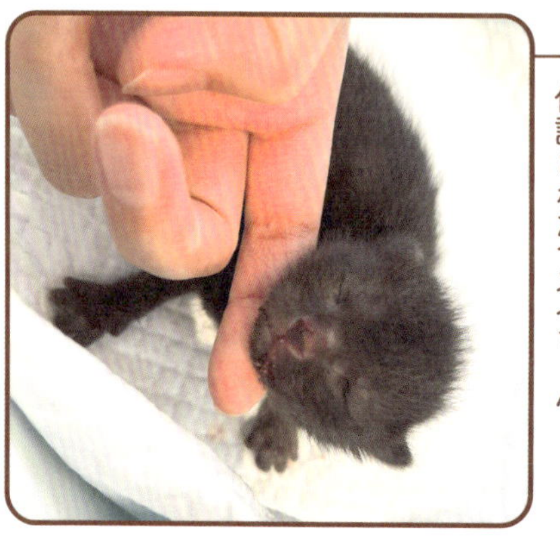

保護されたてスイちゃん

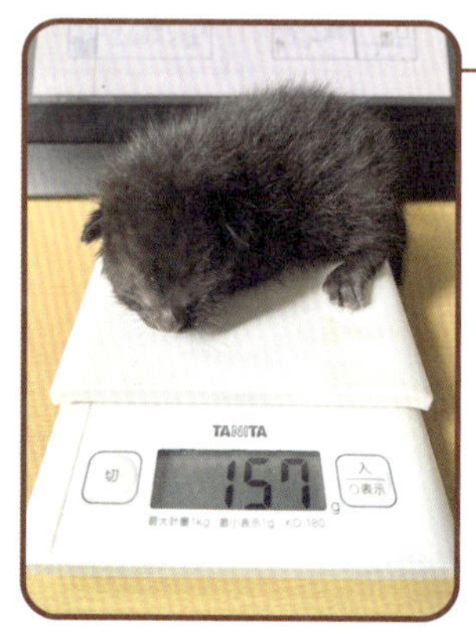

157gだったあの頃

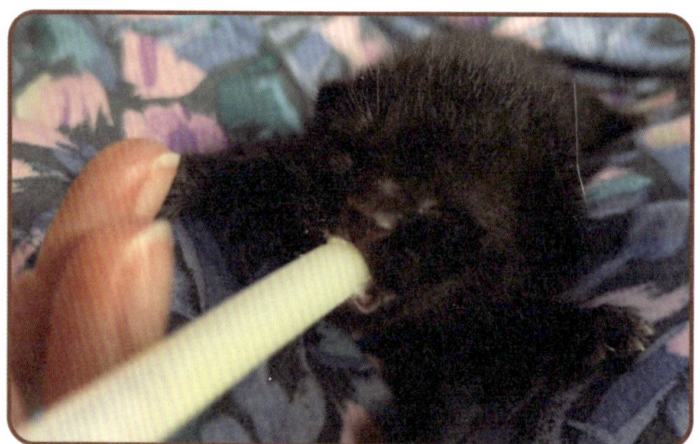

苦労したミルクやり

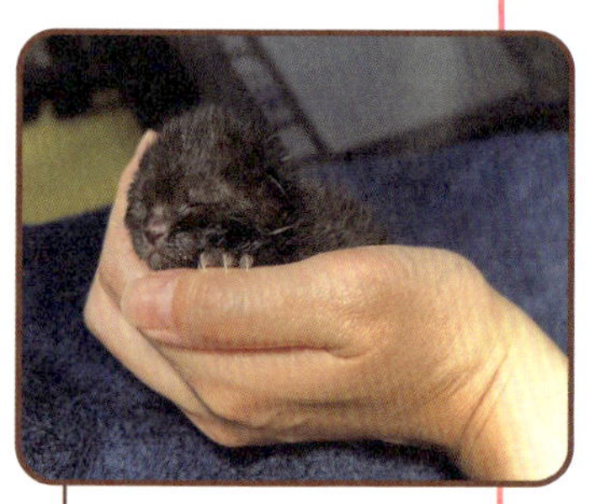

手にもすっぽり

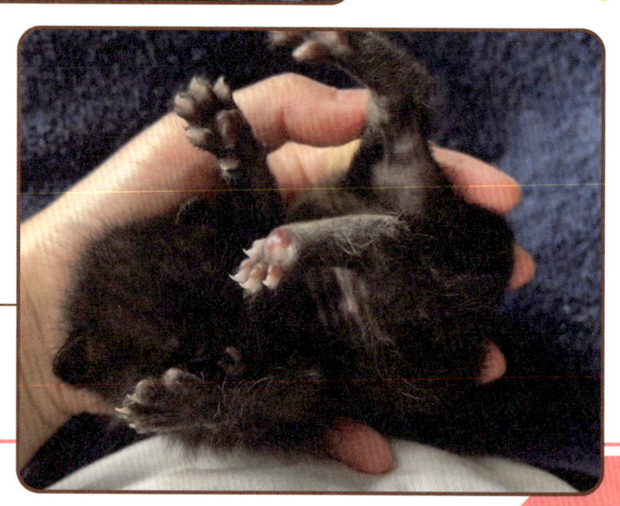

肉球は
ピンクでした

お兄ちゃんたちは
不安半分　心配半分？

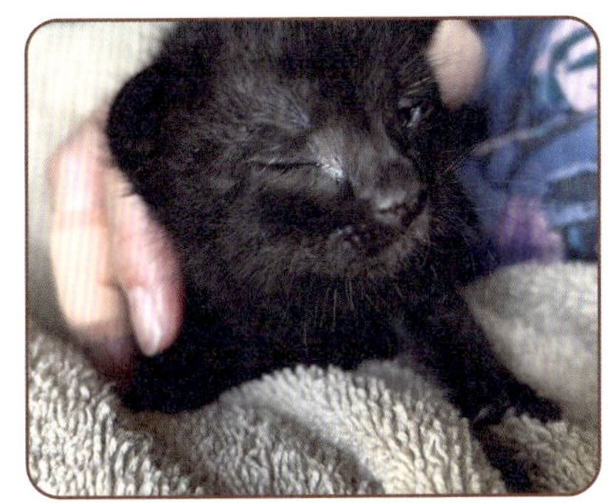

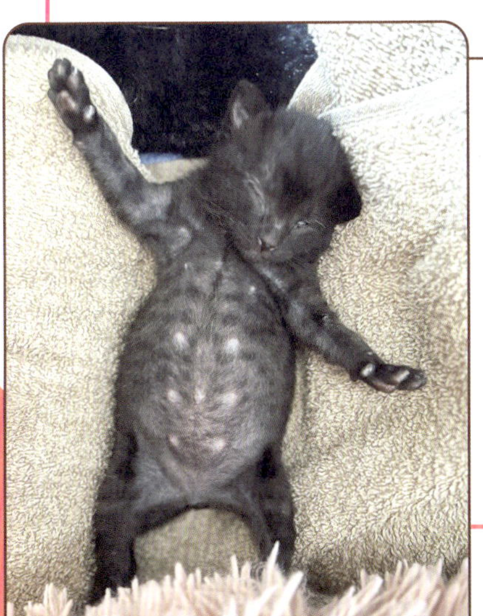

お腹見せスイちゃんの大物感

しょぼしょぼおめめ

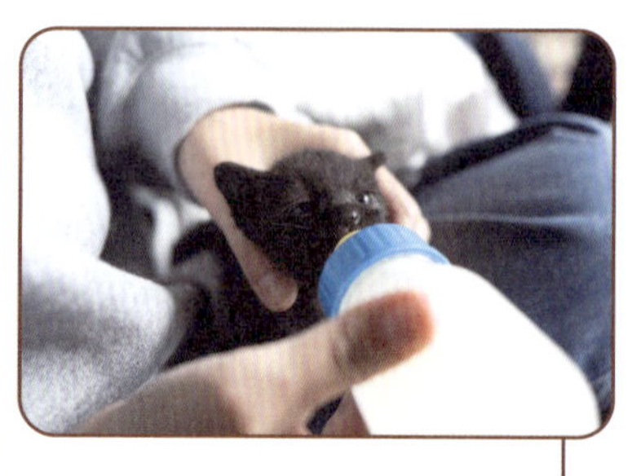

色々ありながらもすくすくと成長

おねむスイちゃん

幼獣の兆しが見えはじめる？

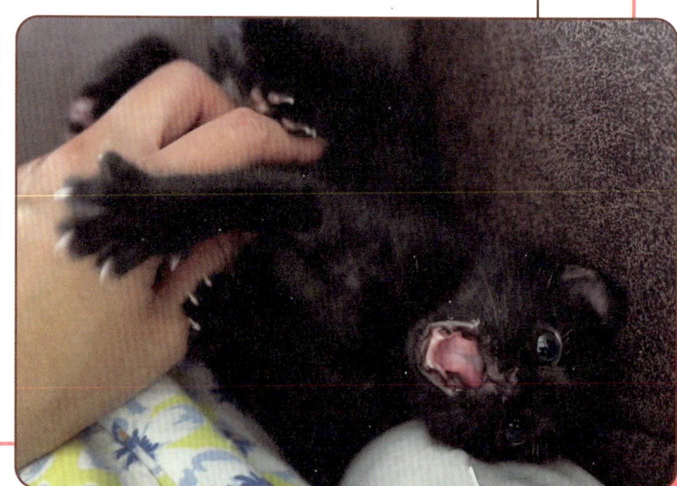

ごはんも3匹でもりもり

あれ？ どこかに連れていかれる…

術後ウェアは黄色のスイちゃん

観察するレオくん

気ままに暮らす3匹の猫たち

おとなしく見守る…
スイちゃんではありません

お互いジーっと

ガオー

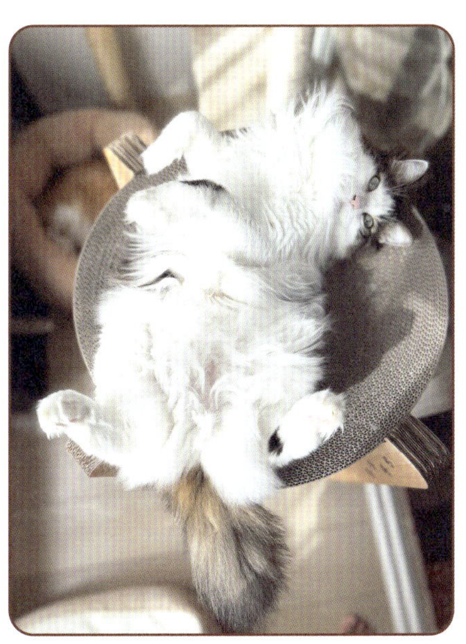

お母ちゃんにはナイショだよ…

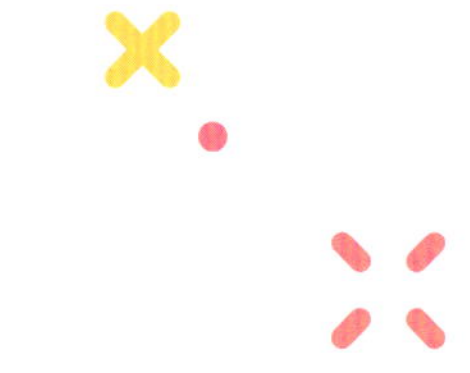

甘えん坊猫の幸せのかたち

保護から
ハチャメチャスイチャンになるまで

家の外で聞こえてた子猫の声が突然聞こえなくなって
様子を見に行ったらカラスさんにがっつりいかれてた

そのままいつもお世話になっている病院へ

出血は全て鼻頭からのものでした。すぐ止まったよ〜

診察待機中…
……
そわ…
そわ…

我が身に起きたこと全部
SNSで報告しないと気が済まない重度のネット中毒者
みんなに…
みんなは伝えなきゃ…
ハァ…
ハァ…

…でも きっと色々言われるんだろうな
偽善者!!
黙って助けりゃいいのに
カラスがかわいそう
ネコがかわいいから助けたんでしょう
カラスは絶滅危惧種
あーあ…
がっかり
弱肉強食なのに

ええい 知らん!!
思った通りに行動するのがモットーじゃい
「ごはんうめぇ」すら報告するのに何故こんな一大事を黙っていられよう
おりゃあ
95%
すべてのフォロワー
外で元気な子猫の鳴き声が聞こ
のに突然静かになったから気に
様子見に行ったらカラスに襲わ

動物病院の先生に子猫の看病について詳しく教わった
ああしてこうして…
はいっ

いつもクールな先生がこんなにも熱心に…
この病院で良かったなぁ
じ…

…頑張れよ

先生…っ!
しみる…
ブワッ
さらに次の日休診日にもかかわらず診察してくれました

診察後…

おそらく生後2、3日でしょう
湯たんぽ
鼻頭以外目立つ外傷はありませんが
かなり衰弱しています

辛いことを言いますが…
このくらいの齢の子はどんなに手を尽くしても
残念な結果に終わることがよくあります
過剰な期待はしないように…

先生はそう言ってたけど…謎の自信がある
この子は生きる!!
絶対に成功させなきゃいけないミッションを与えられた気分だわ
必ずやってやる!
だから一緒に頑張ろうね!

とりあえず今日から1時間おきにミルクでしょ
他に必要なもの注文しなきゃ
うちのアパートはこれ以上飼えないから譲り先も考えないと
友達にあとで連絡してみよ

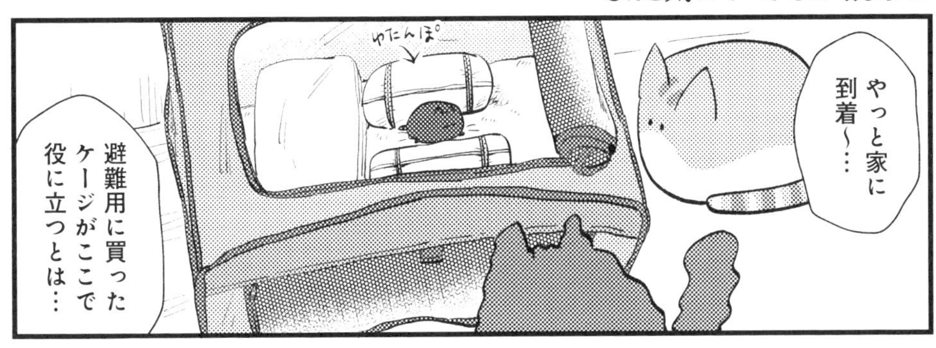
やっと家に到着～…
ゆたんぽ
避難用に買ったケージがここで役に立つとは…

しかし意外とレオくんの反応薄いな？
何も言わず子猫をじっと見つめてるわ
じ～～っ

新入りの登場に怒り狂うかと思ったんだけど…
……ハッ！

まさか2匹とも…
なんだこれ？
この子がねこだと気付いてない…!?

子猫にミルクを飲ませるには身体を伏せの状態で支え…
母乳程度に温めた子猫用ミルクをスポイトで口へ運びます

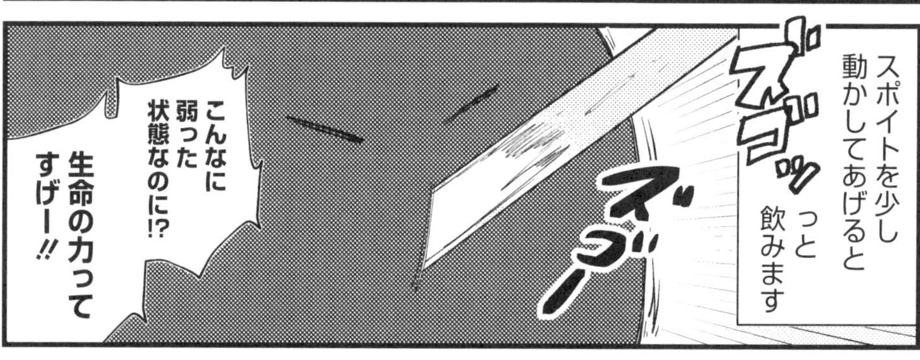
スポイトを少し動かしてあげると
ズゴッ
っと飲みます
ズゴー
こんなに弱った状態なのに!?
生命の力ってすげー!!

…って先生は軽々とミルクをあげてたけど
全然ズゴーっと飲んでくれない!
ミルクの温度?
飲ませ方?
弱ってるから?
お腹すいてない?
スポイトが嫌い?
体の支え方?
角度が悪い?
あーでもない
こーでもない
一体何がいけないんだ…!

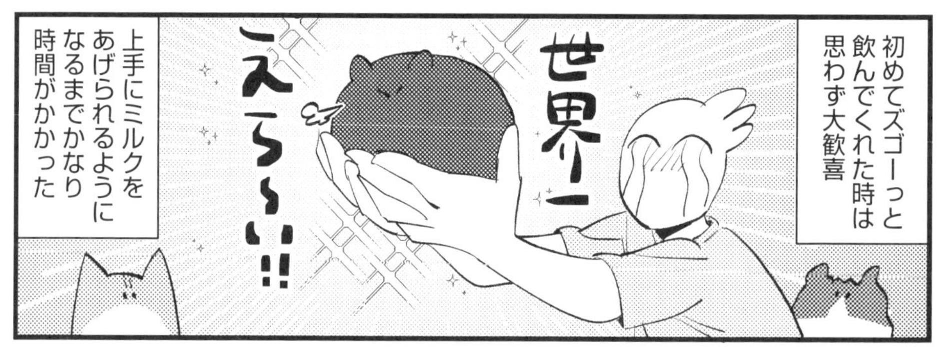
初めてズゴーっと飲んでくれた時は思わず大歓喜
世界一
えら~い!!
上手にミルクをあげられるようになるまでかなり時間がかかった

しっかりミルク飲めたねー！
保護したのが生後数日みたいだったから
お母さんのお乳が恋しいだろうな…

ん？
どうした？
うご
うご
手が気になるの？

チュッチュッ
チュッチュッ

この時間のミルクやり完了…！
次はまた1時間後だ

むやみにケージから出し入れするのは身体に悪いだろうし
このまま次の時間までそっとしておこう…！
今のうちに仕事仕事！

ちら…
仕事まるで進まず

夜中も
1時間毎に
ミルクってのが
ちょっと大変…
次の時間まで
布団で寝よう

スヤ…

だめだ!!
子猫の様子が
気になりすぎる
寝られたとしても
逆にうっかり
寝過ごしそう!
がばっ
ビクッ

結局 毎日
リビングの
ソファで寝た
身体
バキバキ…

初日に比べると
よく鳴くように
なったなぁ
ピャ～…
ピャ～…
このまま回復
してくれたら
いいけど…

今日は
天気が良いね

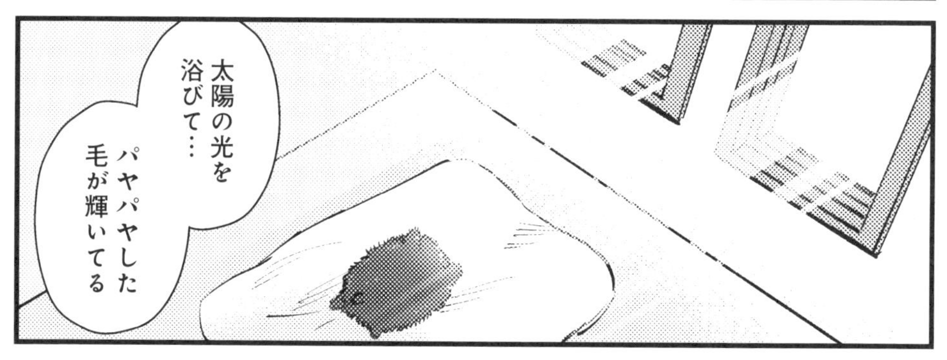
太陽の光を
浴びて…
パヤパヤした
毛が輝いてる

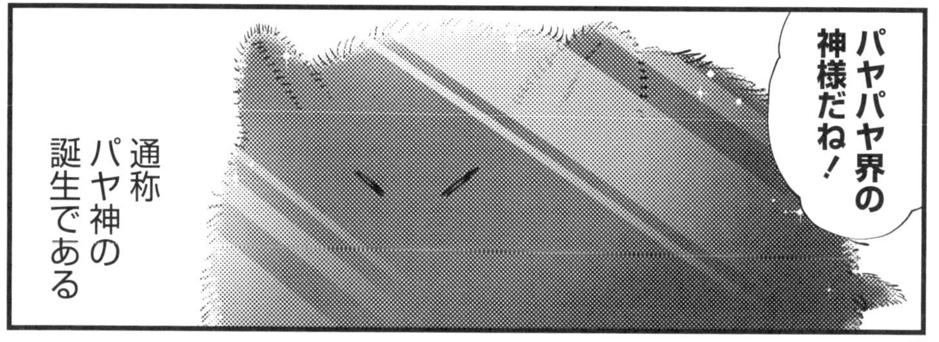
パヤパヤ界の
神様だね！
通称
パヤ神の
誕生である

嬉しい体重増加

昨日より12グラムも体重増えてる!
まさかこんな早さで増えるとは…

明日の命も危ういって言われてたのに
ゲプッ
記録して、と…。
この調子ならあっという間に大きくなるぞ

そう…このまますくすく大きくなって
モモモ…
レオくんもシロウくんも追い抜いて…
ゆくゆくは…

良い…すごく…
ウフフ
バキッ

鼻の傷
薄くなったね！
あと少しで
完全に消えそう

それに今まで
小さくて気づか
なかったけど…
フフフ…

かぎしっぽ！

かぎしっぽは
幸せをひっかけて
くれるって言うし
こりゃあ
君の人生は
安泰だね

レオくんが
意外と大人しいな
もっと怒るかと
心配してたん
だけど…
ズン…

シロウくんを
お迎えした時は
大変だったなぁ
怒り狂ったり
声が出なく
なったり…
シャアアーッ
バアーーアー

あれから
数年…
レオくんも
成長したって
ことなのかな？

その一方…
少しは
気にしな？
スヨ
スヨ…

記録も兼ねて
お世話の記録を
SNSでポスト
え～と…
ミルク飲んで
トイレもできた…
お薬もOK と…

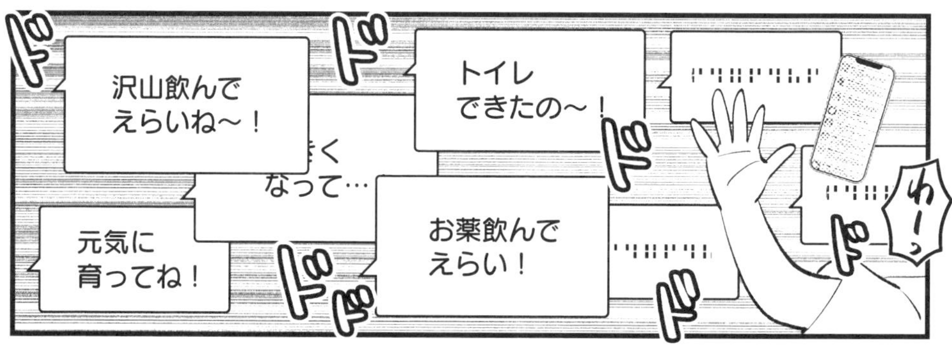
ドド
わー
トイレ
できたの～！
沢山飲んで
えらいね～！
きく
なって…
お薬飲んで
えらい！
元気に
育ってね！

とんでもない
人数に見守られ
ている…！
この感覚
どこかで…
そうだ
この状況は…！

親戚の家に
小さい子どもを
連れて行った感じだ…
パヤちゃん
えらいね～
いい子ね～
大きく
なって
パヤちゃん
パヤちゃん
あら～
ミルク
のんだの～っ
ついこの前まで
こんなに
小さかったのに

その節はありがとうございました

こ…っ
これ全部
贈り物…!?

お昼と午後の便でも
同じ量の荷物を
お持ちします…
ハア…
ハア…
…っ
パヤちゃん!
スクスク育って
えらいぬ〜っ
これ使い!
これ持って
かえりんさい
おうちで
食べ!
パヤちゃん
パヤちゃん
パヤちゃん
お兄ちゃんと
あそび!!

ちなみに全体で
どのくらいの
荷物が届くか
わかります…?
えっと…
いつも
注文してるものを
リストに入れたので
商品の配達日数が
だいたい分かる

おそらく
3日間くらい
続くかと…
え
宅配便の
お兄さん
渾身の「え」

お世話と仕事をしつつ梱包の片付け
ヒ～ッ
次の便までにスペースを確保せねば…！

みんな律儀にメッセージも添えてくれて…
かさ…

元気に育ってね！
大きくなったらこのオモチャで遊んでね
応援してま
毎日お世お疲れ様頑張って
も元気ってすくますよう

ぐす…
この人たちのためにも絶対しっかり育てるぞ…！
ピンポーン
あっ来た！

モフモフのベッドをもらったぞ～！
早速 子猫を寝かせてみよう

ちまっ
全然サイズがあわない
かわいいーっ
ぴったりになるくらい大きくなるんだよ…！

なんこれ
レオくんも使いなよ！

ムム。。。
息できてる？

最初の言葉

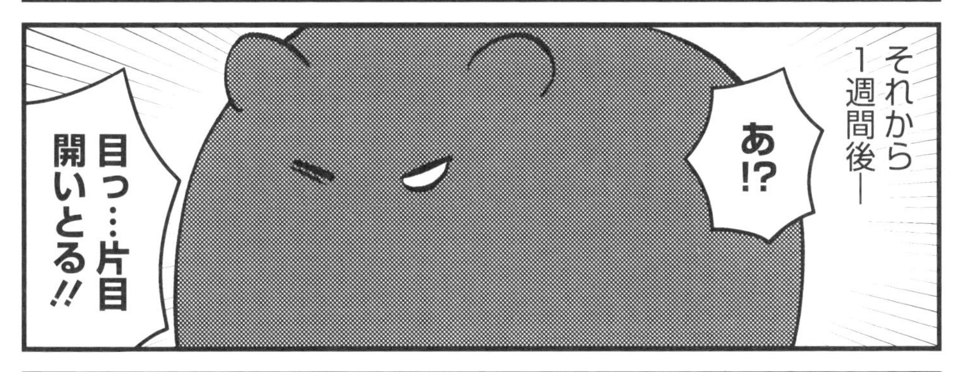

安心で全部吹っ飛んだ

無事目が開き
パッチリお目々に
※漫画の都合上
作画は引き続き
この目です

そして
開眼とともに
活発さにも
火がついた
カッ!!

すごい
動き回るな～
景色が見えて
楽しいのかな?
よち
よち よち
よち
よち
よち

元気があるのは
良いことだね
うんうん
異名
「黒いBB弾」の
始まりである
よちっ

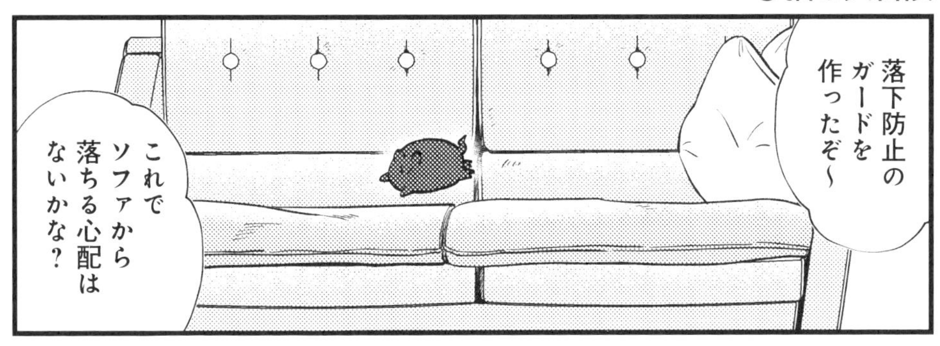
落下防止のガードを作ったぞ～
これでソファから落ちる心配はないかな？

あまりに動き回って危ないからね
きっとこれで大丈夫なはず…
てちてち
てちてち
てちてち

コラー!!
どこに潜ってんの
ずぼ
もう肘掛けに登る力が!?
よじよじ

…本当についこの前まで命が危なかった子猫か…？
ぬたたたたた

うんこプリ太郎

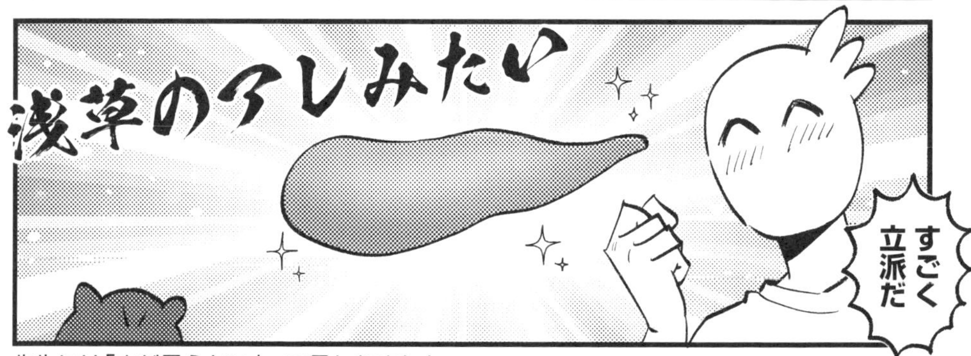

先生には「まだ柔らかい」って言われました

おぉ～
元気だねぇ
ポテテテテテ
いっぱい
動けて
えらい！

目が見える
ようになって
歩き回るように
なったなぁ
ポテテテテテ
落下防止用
ガード

ウゴ
ウゴ
……

このまま
成長を
見守り
たいなぁ…

私は悩んでいた…
手放す
メリ…
このまま引き取る気はもはや満々だが問題が2つあった

問題①
保護した直後に友人に子猫の譲渡を相談済みだった
友人
ウチの先住猫がOKならOK！
問題②
今の住居ではこれ以上の猫の飼育は不可
ねこ3匹
且つ猫を3匹飼育可の物件は極端に少なく見つけられる可能性が低い…

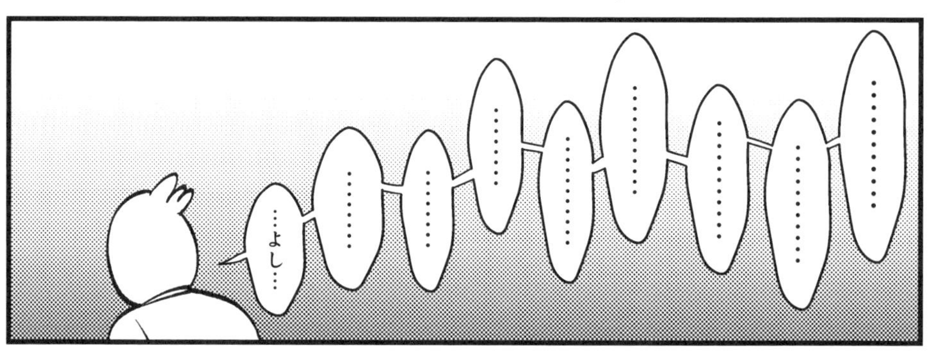
…よし…

謝ろう…！
絶対に引っ越し先を見つけて…
やっぱ自分で飼いますってごめんなさいしよう!!

希望エリアで
猫3匹を
飼育可の物件
まじで無い!!
うぉぉぉぉ
問い合わせた
物件はどこも
埋まってる…
難航するとは
思ってたけど
ここまでとは
ズリダダ
ダダダ
ええい 直接
不動産屋さんに
相談だ!
ドドッ

猫3匹飼育可の
物件ですか…
家賃が
上がっても
問題ないので
どうにか…
そうですか…
とりあえず
探してみますね

プルル…
お世話になって
おります!
◯◯の物件ですが
猫3匹飼うことは…
…そうですか
承知致しました
失礼します～
ガチャ
お世話になって
おります～!
こちらの
物件について
なんですが…
カタ
カタ

家賃が上がっても
いいと仰って
いるんですが…
…はい…はい
そうでしたか
カタ
カタ
いえ 大丈夫です
ありがとう
ございました!
ガチャッ
プルル…
お世話になって
おります!
ご相談なんですが
こちら猫3匹は…
カタ
カタ…

不動産屋さんでもネットでも散々探し回ったけど全滅だぁ～
おぉ～ん
こうなったら家を買うか!?
ギリギリ生きてるフリーランスの身の上で…!?

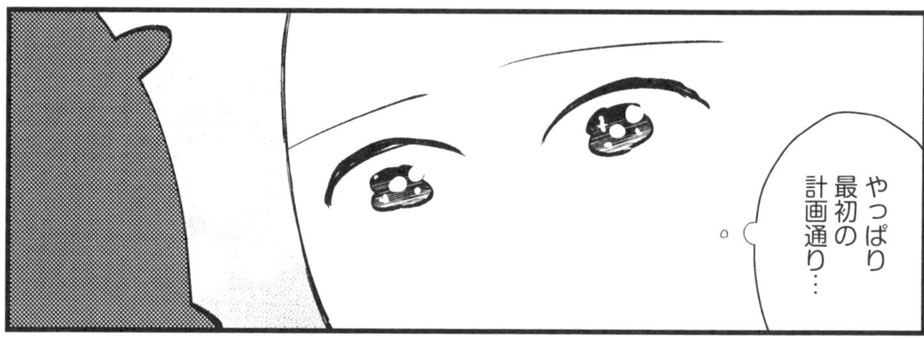
やっぱり最初の計画通り…

この子を手放すしか
道はないのかな

…おや？
ヴーッヴーッ

はい
もしもし…
お世話になっております!
○○不動産と申します〜

先日お問い合わせいただいた物件についてですが…
一番最初に断られた物件だ!
既に他の方に決まりまして…

一度お断りさせていただいたのですが
実はそちらがキャンセルとなりまして…

もしよければ今からでも物件を確認
よろしくお願いします
アッええと…
まだ先住の方がいらっしゃるので内見はできないのですが…
外観だけでオッケーです
ずいっ

※こんなことを言うヒトではない

自分でこのまま
飼う旨を譲り先の
友人に謝罪
ドキドキ…
すまん…！！！やっぱりこのまま自分で飼おうと思います…！！
許してください……………
自分のまいた種…!!
どうなっても仕方ない…！

ぜったい手放せないだろうなと思ってたから大丈夫だよwwwいい感じの家見つかるとええな！
あとれおぴと仲良くできるとええな
よ…よがっだぁあああ〜〜〜〜〜〜〜!!
ポロっ
やさしっ

カーチャンと「これはうちには来ませんね」って話してたwww
まじで「来ませんねこれは」って言って見てたから大丈夫よwww
カーチャンも把握済み……
ばれてる…

こうして友人の寛大な心により友情崩壊は避けられ
子猫は正式に我が家の子になったのであった
うちの子になっていいんだよって吹き込みにいくね…
母

（いったん時は経ち）スイちゃんを譲渡予定だった友達が遊びに来た
スイちゃんに会いに来たよ

驚くほど人懐っこいね〜
誰彼構わずグイグイ行くのよね

他の2匹は隠れちゃうからな〜
ジッ…
あたち!!
あたち!!
我が家で一番コミュ強だわ

よ〜しそれじゃあ　うちのコになるかい？
駄目です

正式にうちの子になったんだから名前を付けないと
さて 何にしようかなぁ…

我が家は代々好きな作品の推しから名前をもらっている
今の推しといえば…

【北●の拳】南●水鳥拳の使い手レイ…!!
でも友達に「レイ」ちゃんがいるからなぁ
かぶっちゃうのはなぁ

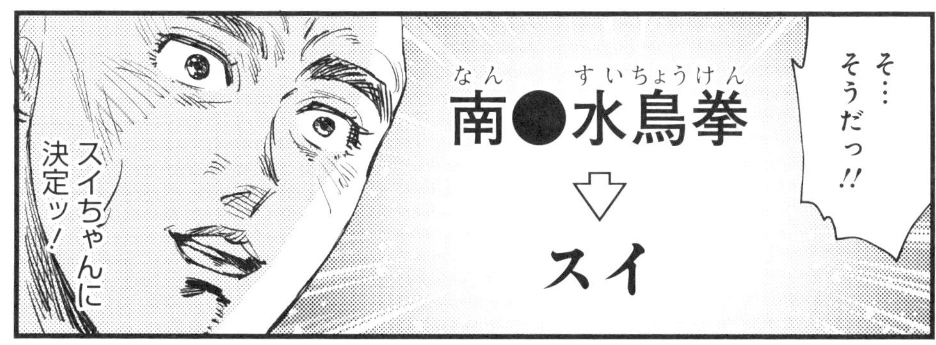
そ…そうだっ!!
南●水鳥拳
なん　すいちょうけん
スイ
スイちゃんに決定ッ!

体重が増えて感染症の検査が可能になった
諸々の検査オールクリア！
これでやっとお兄ちゃんたちと触れ合えるし部屋に解き放てる
さっそくやってみよ！

さぁスイちゃ…
パキュン

ズドドドドドドド
ズドドドドドドド
ズドドドドドド

やべぇ幼獣を解き放ってしまったかもしんねぇ…
ズキャー！

想像していたファーストコンタクト
※スイちゃんの姿は既に数週間見てる

現実
ドドドドギャァァァ

ビクビク
ビクビク
ドドドドド

……
うん…
うまくいかねぇもんだな！

ドドドタタタタタタタタタッ
こらっ
スイちゃん！
お兄ちゃんを
追いかけ
回さないの！

あんなに弱々し
かったのに
パワフルに
なっちゃって…
ぴゃー！
元気なのは
良いことだけど
どうしてこうなった

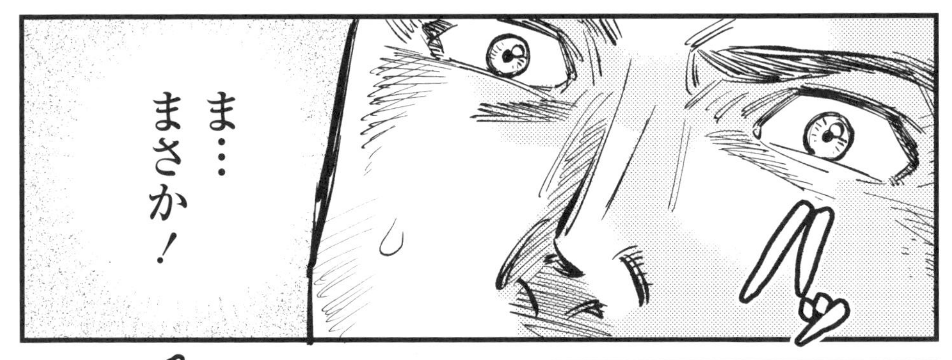
ま…
まさか！
ハッ

あの
キャラクターから
名前をもらった
ことが原因で!?
ムキムキ
そんな
ことはない

体重測定

わたたたたたたた
今日も体重測ろうね〜
ちゃんと大人しくできるかな？

ガタッ
あっ
バッ
こらスイちゃん！

少しの間だけ…
あぁほらっ
ええいもう…
バッ
ズビビッ
サッ

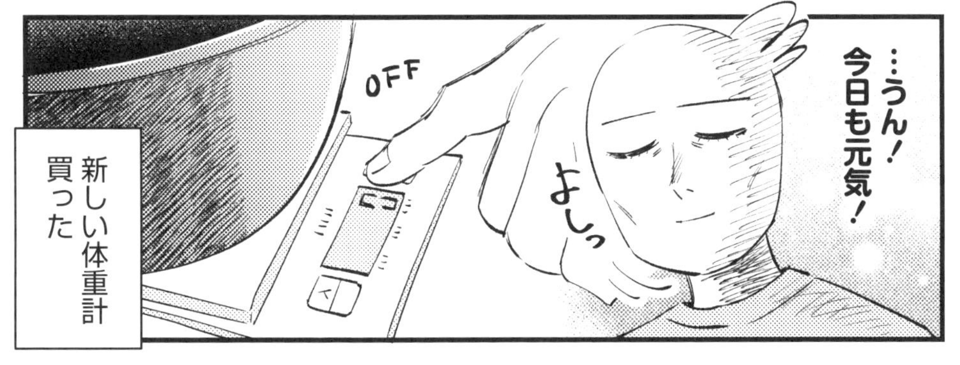
…うん！今日も元気！
OFF
よしっ
新しい体重計買った

引っ越し準備もだいぶ進んだ
あとはデスク周りと細々したやつっ！
長年暮らしたこの家ともお別れか…

色々あったなぁ…
シロウくんをお迎えしてレオくんとの仲を取り持つのに何カ月もかかったり
※「レオとシロウのドタバタ猫日記」参照

最後の1カ月半でスイちゃんを保護してお世話して家を探して明日新居に引っ越し

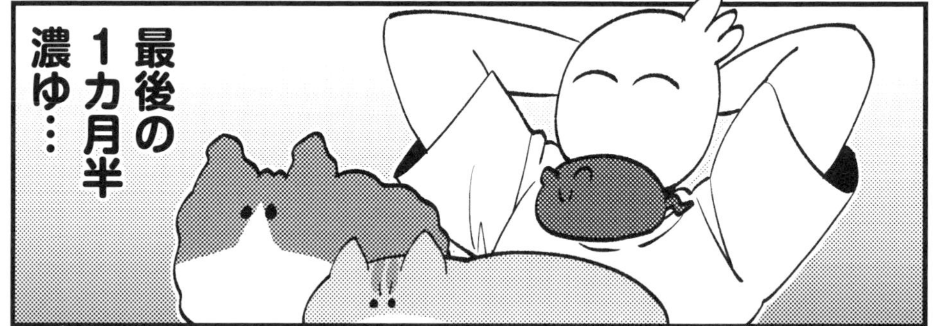
最後の1カ月半濃ゆ…

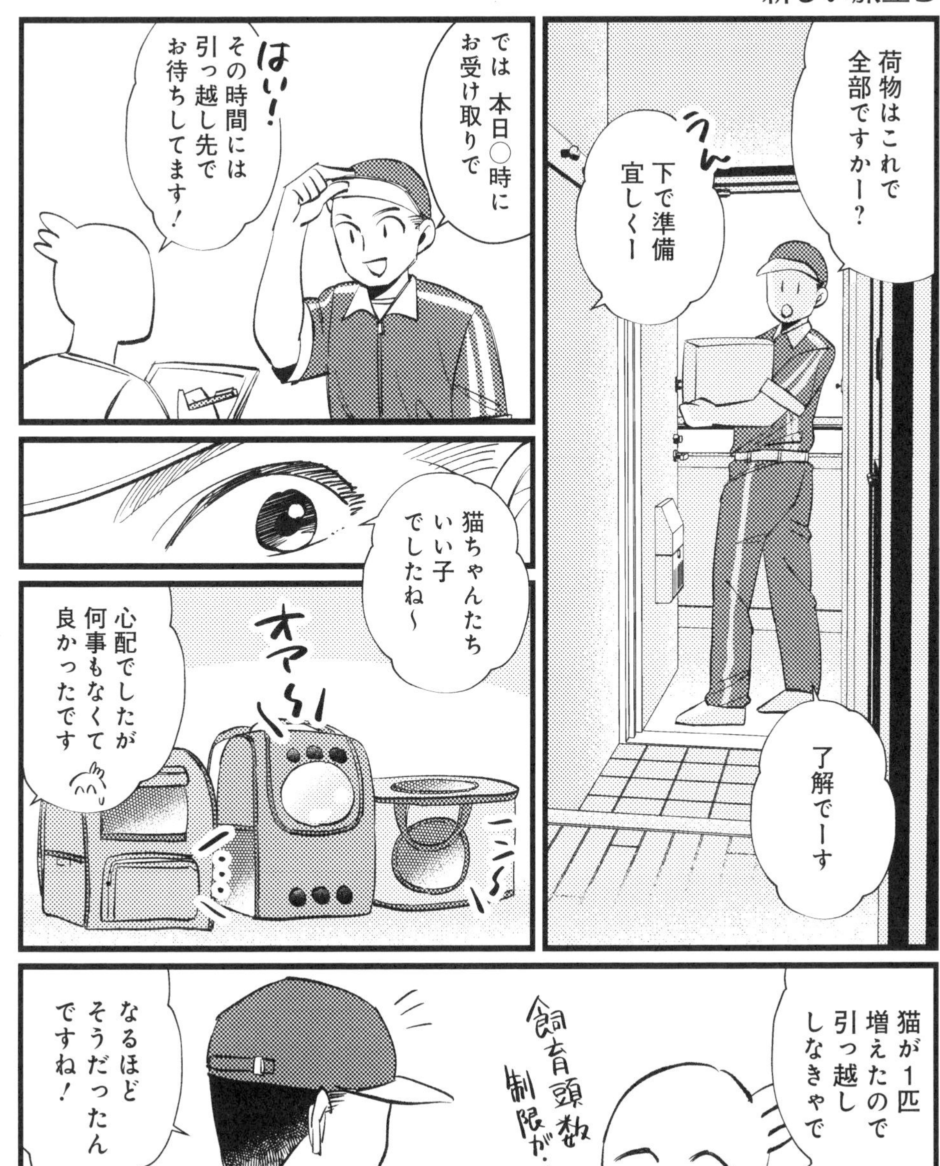
荷物はこれで全部ですかー？
うん
下で準備宜しくー
了解でーす
では 本日◯時にお受け取りで
はい！
その時間には引っ越し先でお待ちしてます！
猫ちゃんたちいい子でしたね～
オアーン
心配でしたが何事もなくて良かったです
ニ～
…
猫が1匹増えたので引っ越ししなきゃで
飼育頭数制限が…
なるほどそうだったんですね！

新しい場所で家族も増えて
楽しくなりそうですね！
はい！

我々も
行こうかね
あざしたー

楽しいことも
大変なことも
時には
悲しいことも
あるだろう

全部みんなで
乗り越えていく
オアー
オアー
ぐっ
おもっ…
そう誓って
新たな場所へ
出発した
ワーン
ワーン

＼最高カワイイ！／
甘えん坊
3猫日記

甘えん坊3猫の生態

イモリさんが窓の外に！
これは猫たちが喜ぶぞぉ！
わあっ

レオくん見て！お客さんだよ
バッ
バッ
シロウくん好きだよね

チョロ
チョロ…
スイちゃんイモリさんは初めてでしょ
ほらすぐそこに…

誰も気づいてくれない…っ
おろちて
1人だけはしゃいで終わった

クシするよ〜
ぱぁあああ

あっコラ！
ぐいぐい〜ん
お兄ちゃんの番でしょ！

あぁもう
スル〜
クシが好きなのは助かるけど…

レオくんの毛
シロウくんの毛
レオくんの毛
シロウくんの毛
シロウ
レオ
全然キレイになってる気がしない
もさっ…

お兄ちゃんたちが
大好きなスイちゃん
でも その想いは
一向に届きません

スリッ
シャアアア

プン
スリッ
無視っ

ツン
スリスリスリスリ
ツン
スリスリスリスリ
めげないねぇ…

夏用に涼しい猫ベッドを買ったぞー！
これさえあれば夏の夜も快適！

冷感マットが敷いてあるからヒンヤリして心地良いはず
くんくん…
おっ
早速使ってくれる？

ガッ
ブンッ

うんうん…想定内!!
重要なほう
分かっていても新グッズを買ってしまう…
これぞ哀れな猫飼いの性である

保護した当時は
片手に収まる
大きさだった
スイちゃん

あれから
1年……
…あら？

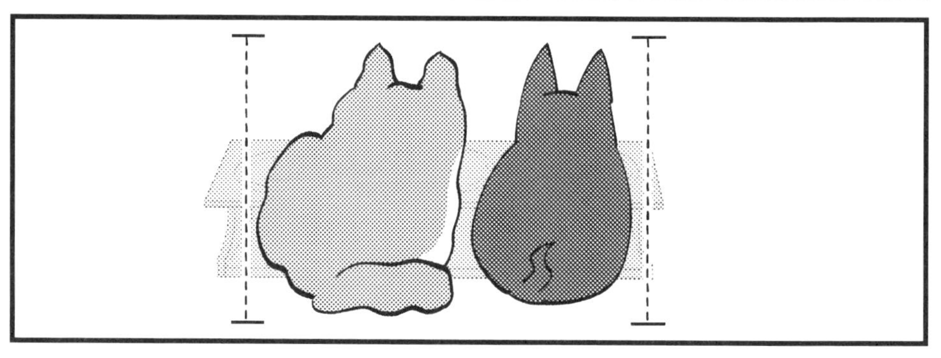

あらぁ…？
ムチッ…
もぐ
もぐ
ツヤ…
ツヤ…
ムチッ…
ツヤツヤの
タイヤみたいに
なりました

妖怪 人の足噛み

おかーちゃん仕事してるから噛まないで〜
ガブガブ
ガブガブっ

噛む子はお部屋に入れられません
お外で遊んでて！

あけろーっ!!
ワシワシッ
うぐぐ…

ガブガブ

この下にマウスがある

お揃いの首輪を買ったよ～
普段は付けないけど避難時用にね
それぞれのイメージカラー♡
ウラに連絡先
水
紺
赤

スイちゃん落ち着いて！今だけよ！
ビャアアアアッ
これから少しずつ慣れてこ…！

レオくんは余裕そうで良かった～
かい
かい
…あらシロウくん？

首輪どこやった？
首輪を付けているが全部隠れている

スイちゃん
自分のお皿にある
おやつを食べ
みんなのお皿を
チェック

レオくん
チビ
チビ
ちぎったおやつを
手渡しで食べる

シロウく…
もっ
ちぎるから
待って
でかすぎ

勝手に出てくると思ってる

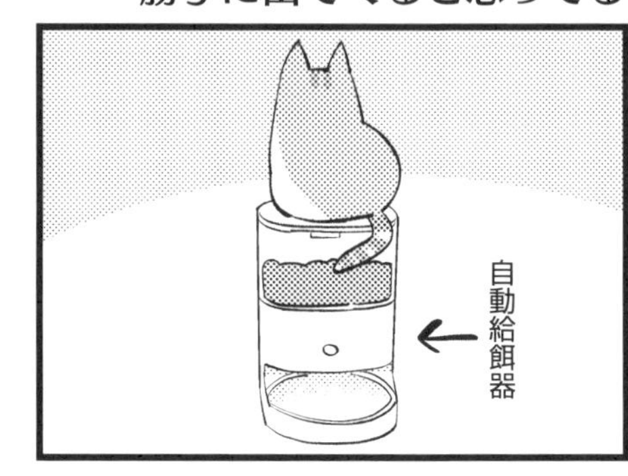

【作戦その1】
シロウくんの
寝床を奪う

【作戦その2】
レオくんに
ちょっかい出す
ビッ
ビッビッ

【作戦その3】
逃げるレオくんを
追いかける

【作戦成功!】
全員覚醒して
運動会開始

ナワバリ

ン～
あら シロウくん 来たの～

ここはスイちゃんの場所!!
バッ
こらっ
場所奪おうとしないの
スイちゃんはデスクを自分のナワバリだと思ってるな…
ごめんよ…

まぁ 本当はおかーちゃんのナワバリですけどね？
マウス置けないんですけど

今年の夏は
暑すぎる…
ミ〜ン
ミ〜〜ン
ダラ〜

私は冷房がない
あっちの部屋で
仕事してるから
こっちの
お部屋で
涼んでてね
ピッ

ミ〜ン
ミ〜ン
ミ〜ン
ミ〜ン
がぶ
がぶ
ドタ
バタ

どうして…
がぶ
がぶ
冷房買った

さっき
コロコロしたのに
もう毛が付いてる
コロ
コロ
コロ
コロ
これから
出かける
予定なのに～

ふ～
やっと取れた
ドスッ
アッ今
お触りは
禁止です
ン～

えっ!?
もう
毛だらけ
なんだけど
ドアアアーン!!

毛が空中を
舞ってる!?
何が原因
なんだ～!!
コロ
コロ
コロ
コロ
シロウくん
お気に入り
椅子
ふぅ～

【スイちゃん】華麗に登る
トンッ
ぐっ
ピョンッ
【レオくん】乗せてもらう
もた…
もた…
【スイちゃん】華麗に降りる
トンッ
【レオくん】助けを呼ぶ
ママ
ママママ
おろせー!!
ママ
だっこしろー!!

チョイ
チョイ

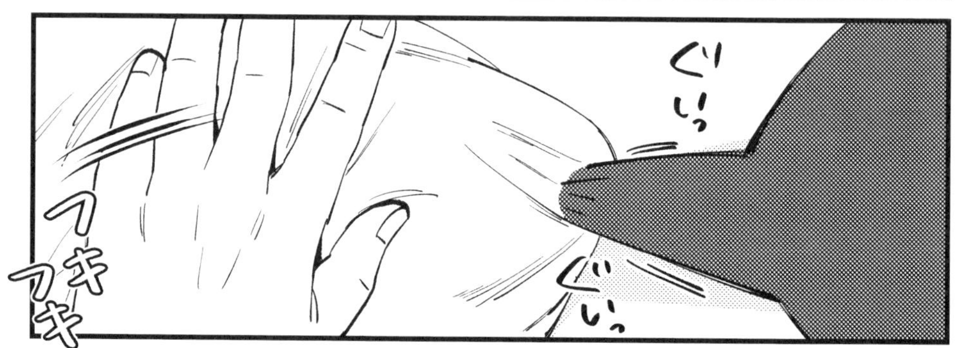
ぐいっ
ぐいっ
フキ
フキ

フキ
フキ
バシッ
バシッ

シャッ
シャッ
ジタ
バタ

【レオくん】
噛む
いてて
がぶ
ガブガブ

【シロウくん】
ぶつかる
ゴツッ
ゴツッ
ああ〜

【スイちゃん】
押さえ込む
パワープレイ
すぎる…
ギュッ…

ごろん
クローゼットでゴロゴロしちゃ危ないよ〜
ごろん
ズル…
あっ
ズびしっ
あし

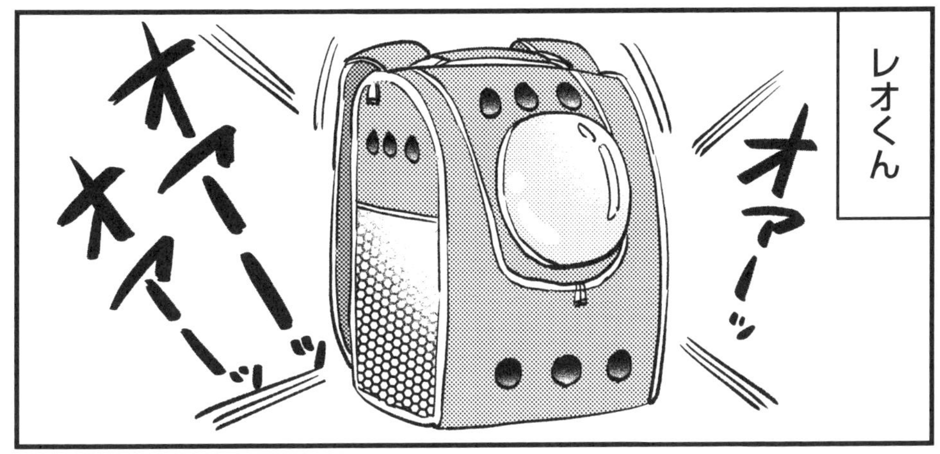
レオくん
オァーッ
オァーッ
オァーッ

シロウくん
アーン…
アー…

スイちゃん
ボコッ
ドンドンッ
ドンッ
誰が入ってるかすぐ分かる

最後まで
お読みいただき
ありがとう
ございました！
3匹になって
パワーアップした
我が家の日常を
お届けしました

スイちゃんとの
突然の出会いから
早1年半
お世話に
引っ越しに…
あっという間
だったなぁ

今でこそ
楽しい毎日を
送っているけど…

猫たちが
いなかったら
今頃どんな毎日を
過ごしていたのか
そんなことを
考えて 怖くなる
ときがあります

人生を共に過ごしてくれる猫たちに大感謝です
願わくばこの子たちも幸せに感じてくれてたらイイナ…！
こうやって活動できるのは読者の方がいるからこそ！本当にありがとうございます！
これからも色々な形で3匹との生活をお届けできればと思います
今後も見守っていただけると嬉しいです！

最高カワイイ！甘えん坊3猫日記

2024年12月11日　初版発行

［著者］
秀

［発行者］
山下直久

［発行］
株式会社 KADOKAWA
〒102-8177 東京都千代田区富士見 2-13-3
電話／0570-002-301（ナビダイヤル）

［装幀・デザイン］
SAVA DESIGN

［編集企画］
ニュータイプ編集部

［印刷］
TOPPANクロレ株式会社

［製本］
TOPPANクロレ株式会社

［お問い合わせ］
https://www.kadokawa.co.jp/
（「お問い合わせ」へお進みください）
※内容によっては、お答えできない場合があります。
※サポートは日本国内のみとさせていただきます。
※Japanese text only

定価はカバーに表示してあります。

ISBN 978-4-04-115723-7 C0095 Printed in Japan